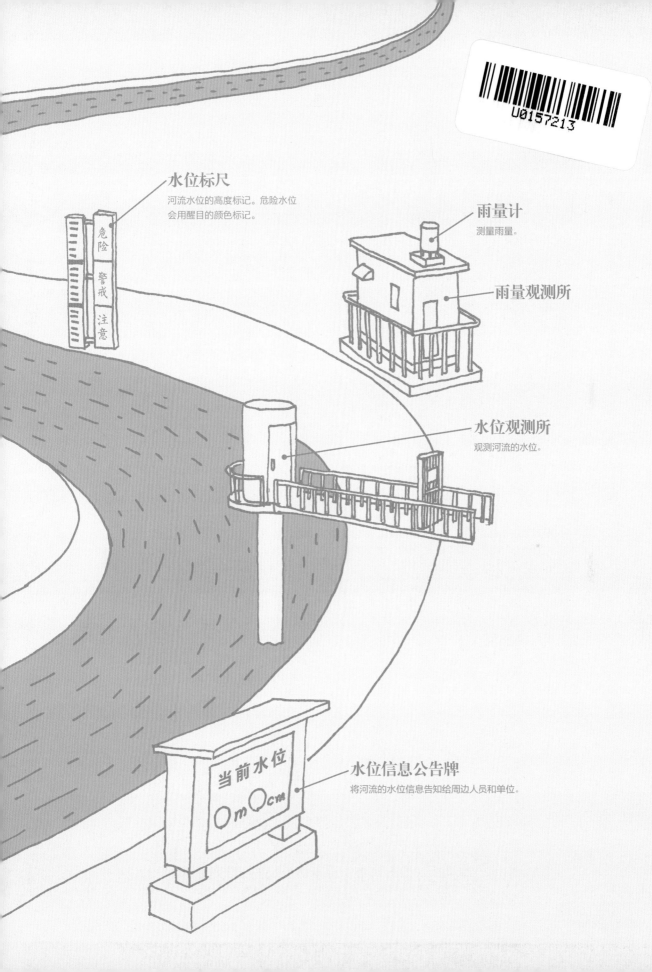

水位标尺
河流水位的高度标记。危险水位
会用醒目的颜色标记。

危险
警戒
注意

雨量计
测量雨量。

雨量观测所

水位观测所
观测河流的水位。

当前水位

○m○cm

水位信息公告牌
将河流的水位信息告知给周边人员和单位。

雨水去了哪儿

[日]镰田步/著　丁丁虫/译

"我们出门啦。"
今天外面在下雨。

青岛出版集团 | 青岛出版社

"雨下得好大呀。"

这里已经下了很长时间的雨了。

落在院子里的雨水，会渗进泥土里。

落在房顶上的雨水，会通过雨水槽，流进房子周围的雨水口里。

滴答滴答滴答滴答

哗啦哗啦哗啦

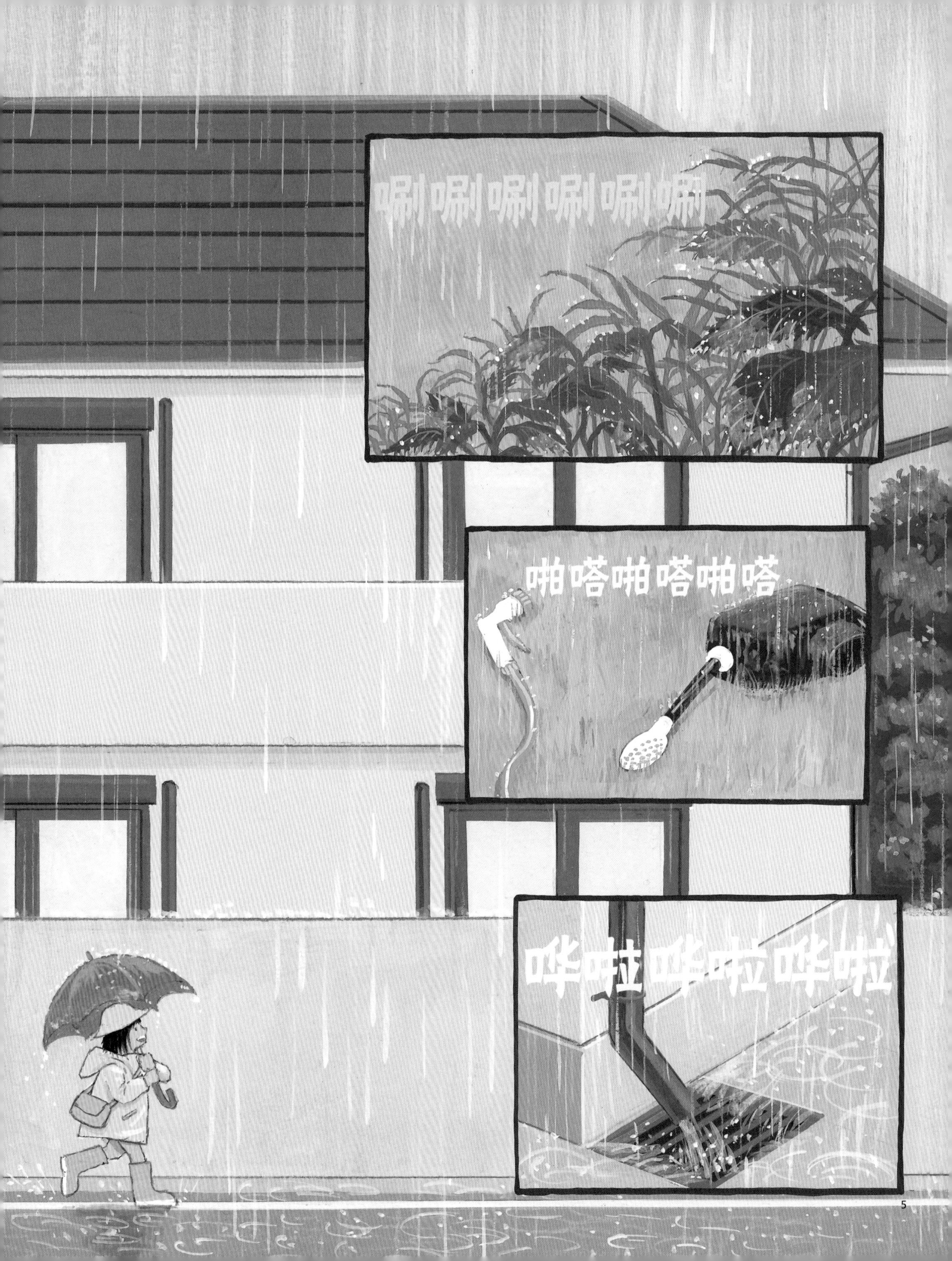
唰唰唰唰唰唰
啪嗒啪嗒啪嗒
哗啦哗啦哗啦

哗啦！
汽车驶过，溅起水花。

雨水口

雨水支管

房子旁边、道路两侧，都有雨水口。
雨水顺着雨水口流入地下，通过雨水支管，
汇集到雨水干管中，然后流入河里。

雨水干管

现在，有大量的雨水从雨水干管流进了河里。
河流的水量比平日增加了许多。

雨水哗哗地落在城市里。
河水不断上涨，似乎很快就要溢出来了。

在这样的时候，城市中河流的状态信息，
会汇集到城外的一座建筑里。

这里名叫"排水泵站"。
它负责把过度上涨的河水疏导到更大的水体中去。

这是排水泵站的控制室。
在这里可以看到城市里的天气情况、河流的实时影像和水量变化等信息。

溢洪道

在河岸边有一些"溢洪道"。
当河流水位到达一定的高度时,
河水就会通过溢洪道流入地下。

各条河道都开始
有水流入地下了。

哗哗哗哗哗

地下建有巨大的坑洞，叫作"竖井"。
从溢洪道进入地下的河水，汹涌地流到这里。

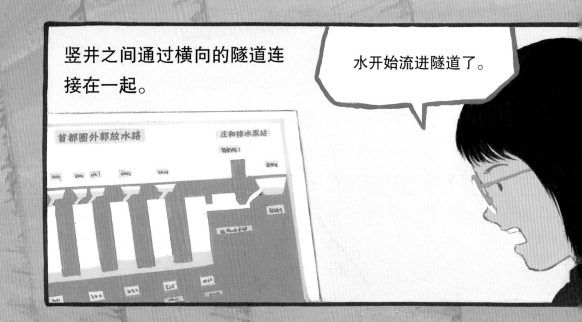

竖井之间通过横向的隧道连接在一起。

水开始流进隧道了。

轰隆隆隆

隆隆隆隆

湍急的水流在地下深处的巨大隧道里奔涌，
激起了无数水花。

水流沿着隧道冲进了最后一个竖井。
这里的水位正在迅速上升。

这个竖井旁边有一个巨大的蓄水池，叫作"调压水槽"。
沿着隧道和竖井涌过来的水，到这里之后流速会降低。

水开始流入调压水
槽了！

排水泵站

哗啦哗啦

水涌向排水口。

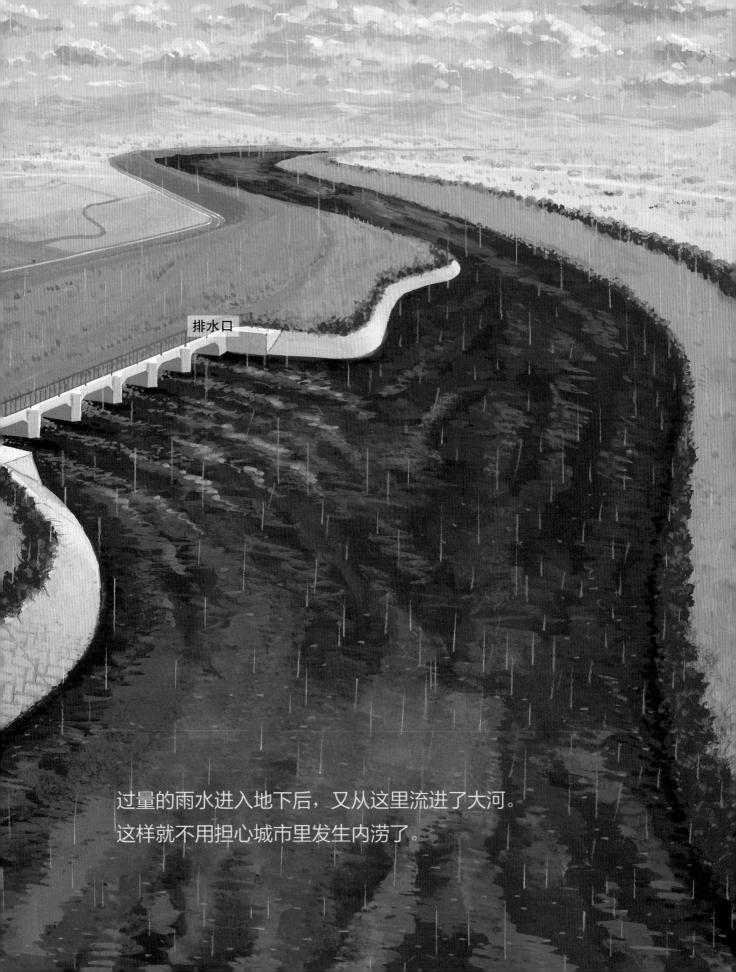

排水口

过量的雨水进入地下后，又从这里流进了大河。
这样就不用担心城市里发生内涝了。

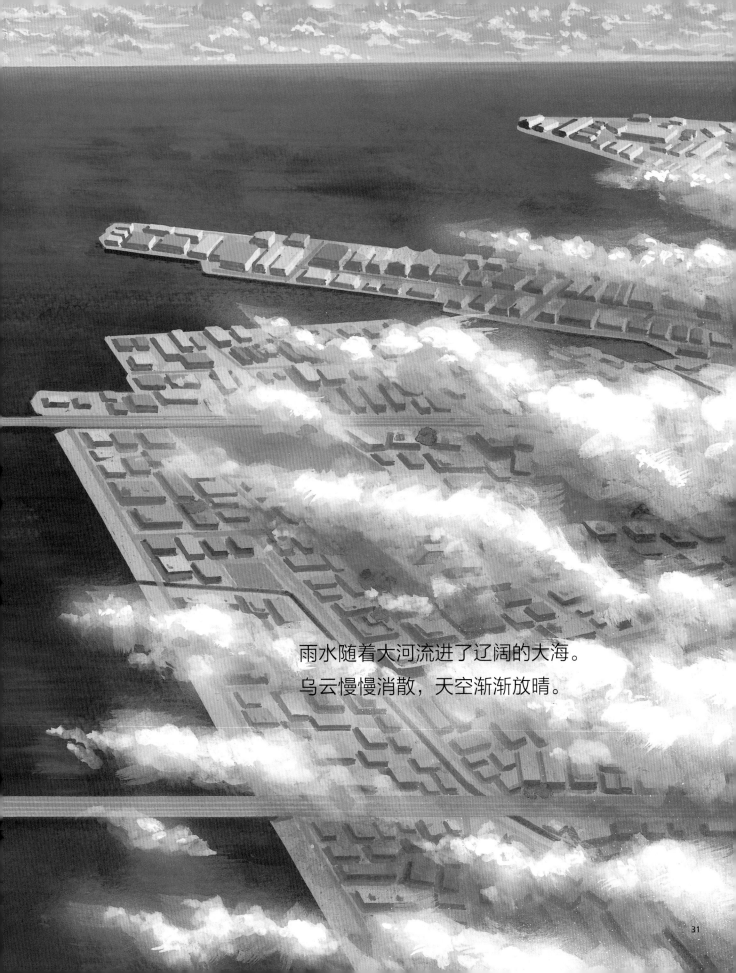

雨水随着大河流进了辽阔的大海。
乌云慢慢消散，天空渐渐放晴。

"啊，太阳出来了！"

图书在版编目（CIP）数据

雨水去了哪儿 /（日）镰田步著；丁丁虫译 . — 青岛：
青岛出版社，2023.8

ISBN 978-7-5736-1393-6

Ⅰ . ①雨… Ⅱ . ①镰… ②丁… Ⅲ . ①城市公用设施
– 给排水系统 – 儿童读物 Ⅳ . ① TU991-49

中国国家版本馆 CIP 数据核字（2023）第 138899 号

AME NO HI NO CHIKA TUNNEL by Ayumi Kamata
山东省版权局著作权合同登记号　图字：15-2021-270 号

书　　名	YUSHUI QULE NAR 雨水去了哪儿
著　　者	[日]镰田步
译　　者	丁丁虫
出版发行	青岛出版社
社　　址	青岛市崂山区海尔路 182 号（266061）
本社网址	http://www.qdpub.com
邮购电话	0532-68068091
责任编辑	刘炳耀
特约编辑	刘倩倩
封面设计	桃　子
照　　排	青岛可视文化传媒有限公司
印　　刷	青岛名扬数码印刷有限责任公司
出版日期	2023 年 8 月第 1 版　　2023 年 8 月第 1 次印刷
开　　本	16 开（889 mm × 1194 mm）
印　　张	2.5
字　　数	25 千
印　　数	1—7000
书　　号	ISBN 978-7-5736-1393-6
定　　价	48.00 元

编校印装质量、盗版监督服务电话　4006532017　0532-68068050

地下排水工程示意图

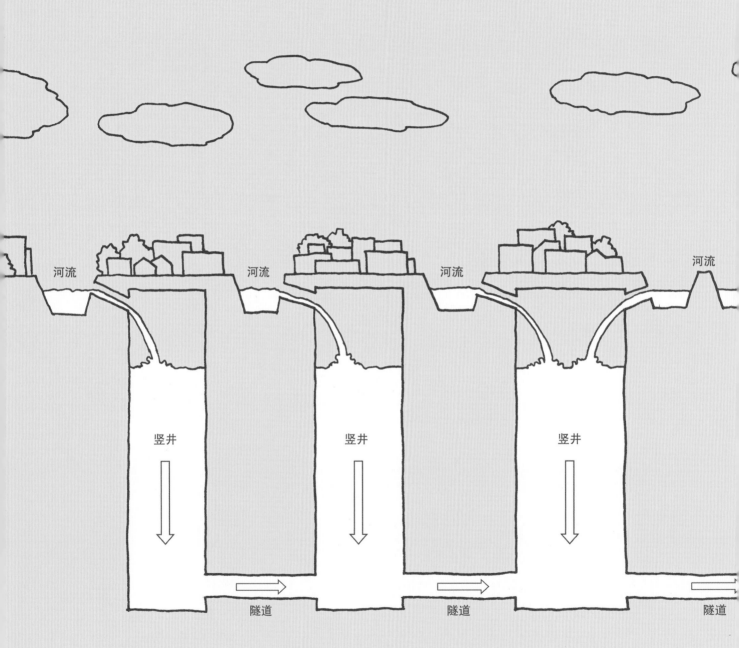